함께 살아가며 사랑하는 일

남에게 줄아가려 사랑하는 일

율이네 집

조수정 지음

율이네 집

작지만 넉넉한 한옥에서 살림하는 이야기

조수정 지음

앨리스

봄날, 그 집의 위로

벚꽃이 흩날리는 작은 한옥 마당에서 나는, 그림을 가르쳐주시던 선생님을 기다리고 있다. 그날은 여러 가지 일로 화가 많이 난 상태였고 마쳐야 할 일도 남아 있었기에, 오랫동안 기다리게 하는 선생님이 원망스러워 자리가 여간 불편한 게 아니었다. 그때의 나는 아는 것 하나 없이 디자인이 어쩌고저쩌고 떠들어대며 자기 잘난 맛에 사는 갓 스무 살을 넘긴 여자아이였다. 하지만 사실 디자인이고, 삶이고 무엇이든 깊게 생각할 겨를이 없었다. 빠르게 돌아가는 세상 속에서 나 역시 그 흐름을 놓치지 않기 위해, 아니 더 앞서 가기 위해 시간보다 더 빨리 움직이고 있었다. 그래서 할 일이 산더미처럼 쌓인 나를 오랫동안 기다리게 하는 선생님을 이해할 수 없었다.

때로 인생은 뜻하지 않은 곳에서 전혀 새로운 순간과 만나기도 하는 것 같다. 선생님이 내주신 정갈한 차를 마시며 마음을 가다듬고 조용히 주위를 둘러보았다. 머리에 닿을 듯 낮게 내려앉은 하늘과 처마 끝이 조급한 내 마음을 쓸어주기라도 하듯 다정하게 나를 굽어보고 있었다. 단정한 장독대의 모습과 바람에 가늘게 떠는 문풍지 소리에 기분이 한결 좋아졌다. 소박하고 오래된 것에서 나오는 조용하고 따뜻한 바람이 나를 스치고 지나갔다. 나는 그곳에서 이루 말할 수 없이 다감한 위로를 받았다.

그날 내가 선생님 댁에 가지 않았다면 어땠을까. 끝까지 불편한 마음에 어쩔 줄 몰라 하며 주위를 둘러보지 않았다면, 지금 나는 어디에 살고 있을까. 나와 삶의 방향이 같은 남편을 만난 것도(어쩌면 함께 살면서 방향이 같아진 것인지도 모르지만), 그와 내가 번화한 곳을 마다하고 통의동이라는 작은 동네에서 일을 시작하게 된 것도, 남편과 나를 꼭 닮은 아이가 생긴 것도, 그리고 진한 사람냄새가 나는 좁은 골목에 아담한 마당과 하늘을 품은 이 작은 집을 만나게 된 것도 선생님의 한옥이 준 따뜻한 위로에서 시작된 것인지도 모른다. 우리가 이 집에 온 봄날처럼 따스했던 그날들에서 말이다.

사람들은 가끔 자신을 드러내기 위해 부자연스러운 말들을 쏟아낸다. 우리는 그들의 말에 피곤해하고 가끔 상처도 입는다. 어쩌면 인간이 본래 그러하지는 않았으리라는 생각이 든다. 매일 눈을 뜨면 마주하는 삭막한 콘크리트 벽, 네모난 전철 안에서의 부대낌, 열리지 않는 창이 빼곡하게 박힌 빌딩 속에서 우리의 일상과 말이 어색하고 딱딱하고 뾰족해진 게 아닐까. 공간의 생김이 어느새 인간의 삶을 빚어내고 있는 건 아닌지…

오래전 봄날에 만난 한옥은 공간의 꾸밈새가 아니라, 존재 그 자체로 나에게 큰 위안을 주었다. 우리 가족이 그런 집을 만나 느리고 소박한 일상의 즐거움을 알아가는 시간을 이 책에 담았다. 사람들 각자의 작은 우주, 집. 집에는 사람을 변화시키는 힘이 있다고 생각한다. 더 좋은 것, 더 빠른 것, 가장 최신의 것만을 이야기하는 세상에서 조금 느려도 괜찮고, 새 것이 아니어도 좋아 라고 말할 수 있는 넉넉한 마음을 품게 해준 한옥 집 이야기를 들려주려 한다.

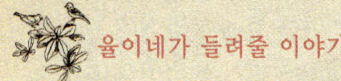

"율아, 우리가 살 집이야"

남편과 나는 결혼 전부터 한옥을 찾아다니며 구경하기를 좋아했다. 가진 것도, 대뜸 시비릴 민힌 용기도 없었지만 밀이다. 직원이라고는 나와 남편 두 사람뿐인 회사를 차리고는, 두 평 남짓한 창고 같은 사무실에서 내일 당장 납품해야 할 소품들을 만들기 위해 바쁘게 손을 움직이던 때에도 우리는 한옥을 둘러보며 따뜻했고 행복해했다. 언젠가 꼭 한옥에서 살자며, 마치 내일 이사라도 가는 사람들처럼 여기는 어떻게 쓰고 저기는 어떻게 쓰면 좋겠다는 달뜬 상상을 주고받았다. 상상은 오랫동안 꿈이었고 우리의 이야기는 한옥이 아니라 작은 오피스텔과 아파트에 차곡차곡 쌓여갔다.

그러던 2007년 겨울, 우연처럼 한옥이 우리를 찾아왔다. 그때는 이미 한옥에 품었던 초심은 어디론가 사라지고, 최소한의 동선으로 공간이 배치된 편한 아파트 생활에 몸과 마음이 흐물흐물 녹아내리던 시기였다. 한옥은 물론이고 예전에 품었던 꿈들을 되짚어볼 겨를도 없이 바쁜 시간을 보내고 있었다.

바쁘게 사는 것과 여유 없이 사는 것은 다르다. 처음 작은 사무실을 마련하고 바쁘게 살았을 때에는 그래도 마음만은 여유로웠다. 한옥을 둘러보며 작은 꿈들을 도란거리기도 했다. 그런데 당시 우리는 오로지 바쁘기만 할 뿐이었다. 우리 생활에 어떤 변화가 필요하다는 걸 남편도 나도 느끼고 있었다. 그래서 잠시 모든 걸 내려놓고 무작정 여행을 떠나기로 결정했다. 그렇게 여행계획 짜기에 한창 열을 올리던 우리 가족은 뜻밖의 연락을 받았다.

평소 같은 디자이너로서 큰 도움을 주던 수영 씨 부부가 자기들이 살던 한옥을 내놓으려고 하는데, 한 번 와서 보겠냐는 것이었다. 그동안 우리 부부가 한옥을 꿈꾸었다는 것을 잘 알고 있었기에 어쩌면 그냥 던져본 말일 수도 있겠지만, 나는 그 이야기를 듣자마자 한옥에서의 삶을 머릿속에 그리고 있었다.

수영 씨 집을 처음 찾았을 때, 삐걱거리는 대문 소리와 아주 오래된 낡은 꽃무늬 창살에 마음을 빼앗겼다. 스무 살 무렵 선생님 댁에서 보았던 것과 같은 마당이 있는, 현대식으로 개조하지 않아 예전 그대로의 소박한 모습을 간직한 작고 낡은 한옥. 그곳에 머물렀던 사람들의 이야기를 하나도 버리지 않고 고스란히 담고 있는 수영 씨네 한옥이 우리집이 된다니 가슴이 두근거렸다.

마음을 진정시키려 남편과 나는 아들 율이를 데리고 밖으로 나와 한참을 말없이 걸었다.

여러 가지 일들이 스치고 지나갔다. 고단했지만 서로를 다독이던 시간, 그리고 그때 나눈 이야기들. 강한 여름 햇살에 녹아내릴 듯 휘청거리는 아파트 단지 같던 내 마음은 삶의 균형감을 찾은 듯 편안해졌다.

이 집에 살기로 결정한 날, 남편이 윤이에게 조용히 물었다.
"윤아, 이제 우리가 살 집이야. 너는 어떠니?"
"아, 옛날 사람들이 살던 집."
"마당에서 고기 구워먹자. 여름엔 물놀이도 하고."
"밤엔 마루에 누워 별도 보자."

우리손으로
고쳐 나가는 일들

비움의 시간

이미 갖춘 집

이번 이사로 우리는 뭔가 거창한 의식과도 같은 비움의 시간을 가졌다. 두 달여 동안 이사 준비를 하면서 가장 먼저 한 일은 갖고 갈 것, 기증할 것, 팔 것, 나누어줄 것, 버릴 것으로 짐을 구분하는 일이었다. 이사갈 한옥이 살고 있던 아파트보다 작은 평수라서 그렇기도 했지만 주변을 단출하게 정리하고 싶었다. 그러면 몸도 마음도 가벼워질 것 같았다.

먼저 한옥에 맞지 않는 큰 가구들을 지인들에게 보내는 작업을 시작했다. 가구를 유난스럽게도 좋아하는 나는 정리할 가구 리스트를 만들면서 아까운 마음에 썼다 지웠다를 몇 번이나 반복했다. 가구들이 각자의 쓰임새에 맞게 하나둘 나가는데, 이상하게도 섭섭할 것 같던 마음이 한결 가뿐해졌다. 비워내자 오히려 아름다운 것들이 눈에 띄기 시작했다. 꼭 필요하다고 생각했던 것들이 그동안 내 주위를 답답하게 만들고 있었는지도 모른다.

큰 가구부터 작은 수저까지 하나씩 정리하는 과정을 통해 아름다운 집의 모습은 치장된 겉모습에서 나오는 것이 아님을 어렴풋이 알아갔다. 어떤 공간이든 쓸모에 맞게 잘 설계되고, 배치되면 그 공간은 그로써 장식이 끝난 것이리라. 그리고 그곳은 시간이 지날수록 자연스러운 아름다움을 담아낼 것이다.

의류 매장 등의 인테리어 작업을 하면서 우리집도 이렇게 바꾸고 싶다는 생각을 해왔기 때문에, 처음 이사를 결심했을 때 거창한 리모델링을 고려하지 않은 건 아니다. 그러나 주변을 정리하고 비우면서 불현듯 텅 비어 있을 한옥이 떠올랐다. 다시 찾아 찬찬히 둘러보았다.

그 집에는 아파트에는 없는 마당이 있고, 장독대가 있고, 문간방이 있었다. 그리고 모든 짐이 다 빠져나간 자리에 담백한 벽과 나무 기둥들이 자기만의 빛깔을 내고 있었다. 그것들이 그 자리에 있는 이유가 분명 있을 터이다. 흙벽은 따스함을 내뿜고 있었고, 벽 중간중간을 일정하게 나누며 쭉 뻗은 나무 기둥은 그 어떤 벽지 패턴보다 자연스러웠다. 고급 마감재나 가구, 세련된 벽지들로 여길 채운다면 그야말로 쓸모없는 덧칠이겠다는 생각이 들었다.

최대한을 유지하는
최소한의 공사

우리는 세월의 흔적을 그대로 간직하고 있는 이 집의 모습을 최대한 유지하고 싶었다. 그래서 공사는 최소화하기로 했다. 너무 낡아 생활하기 어려운 부분만 보수하기로 결정하고, 고쳐나가기 시작했다.

방한이 되지 않는 창과 문만 교체하고, 쓸 수 있는 창은 그대로 두었다. 한옥이라면 기대할 법한 그런 창호문은 아니었지만, 몇 십 년 전에 유행했던 유리문의 무늬가 아기자기한 멋을 보여주고 있었다. 주인이 여러 번 바뀌면서 창의 형태도 변했으리라. 집은 전체적으로 페인팅을 했다. 나무 기둥들과 어우러지도록 화이트와 브라운으로만 바꾸었는데, 우리가 생각하던 담백한 집이 되어갔다.

특별히 손을 많이 본 곳은 부엌 싱크대와 마당 욕실이다. 둘 다 너무 낡기도 했지만, 나는 욕실만은 깨끗하게 하고 싶었고 요리를 좋아하는 남편은 싱크대만큼은 자기 마음에 들기를 바랐다. 타일을 고르는 것부터 시작해 바르고 굳히기를 직접하며 그 위에 우리의 이야기를 올리기 시작했다. 새로운 세면대가 들어오고, 싱크대를 만들면서 우리 가족이 옛날과 현대의 중간지대에 있는 듯한 느낌이 들었다. 우리는 이제 옛날 사람들처럼 기와지붕 밑에 살겠지만, 그렇다고 그들이 그랬던 것처럼 호롱불 밑에서 책을 보지는 않으니까 말이다.

한옥은 지금, 그 어떤 가옥보다 가장 오래된 모습을 한 집이다. 그리고 세면대와 싱크대라는 우리가 지금 쓰고 있는 물건을 받아들여야 하는 시간에까지 이르렀다. 이 집은 과연 우리를 얼마나 받아들일 수 있을까. 그런데 놀랍게도 이 집은 각기 다른 시간대를 한 공간 안에 그럴듯하게 품어주었다. 작은 한옥 어디에 이런 넉넉함이 숨어 있었나 할 정도로.

정리와 구상

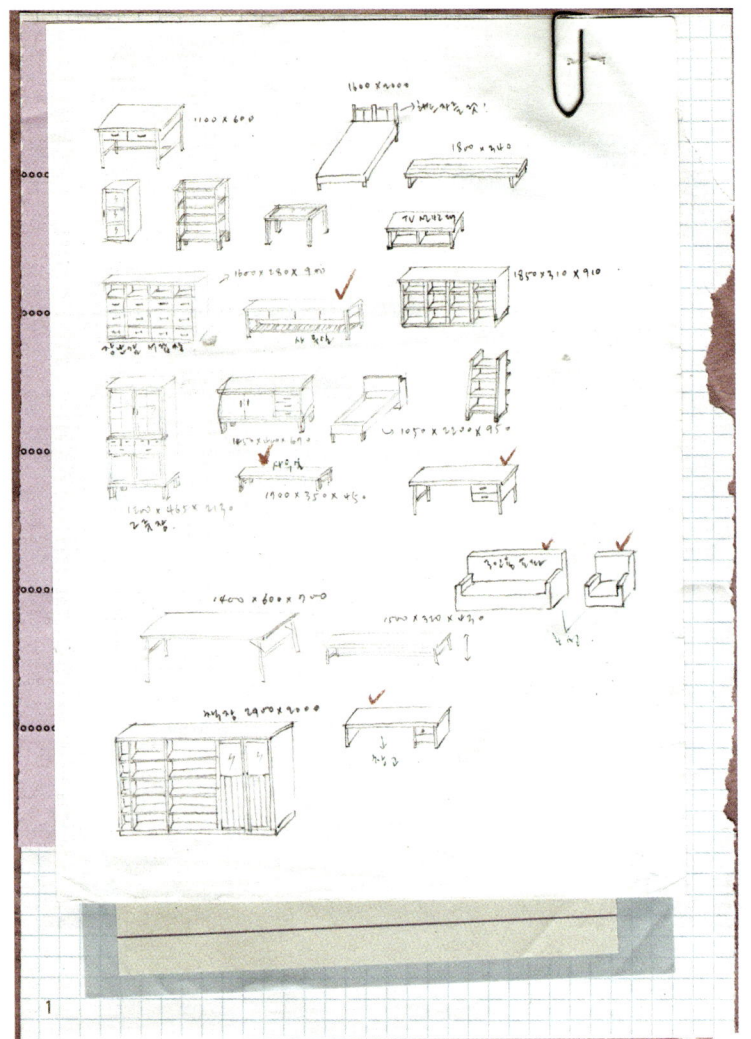

1 쓰던 가구들을 한눈에 볼수 있도록 그림으로 그려 정리해보았다. 한옥의 구조에 맞게 배치할 수 있는 가구들과 꼭 필요한 가구들을 빼고 나머지는 지인들에게 팔려 나갔다.

2 이사갈 한옥의 사이즈를 재고, 고쳐 나갈 부분을 정리해보았다. 오래된 집이라 벽면들이 반듯하지 않아 생각지 못했던 벽면 보수 공사를 추가하게 되었다.

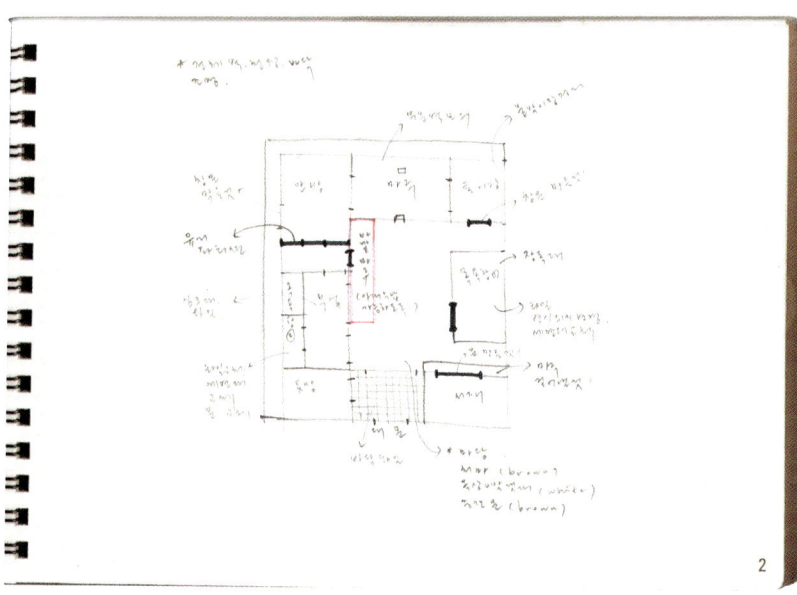

2

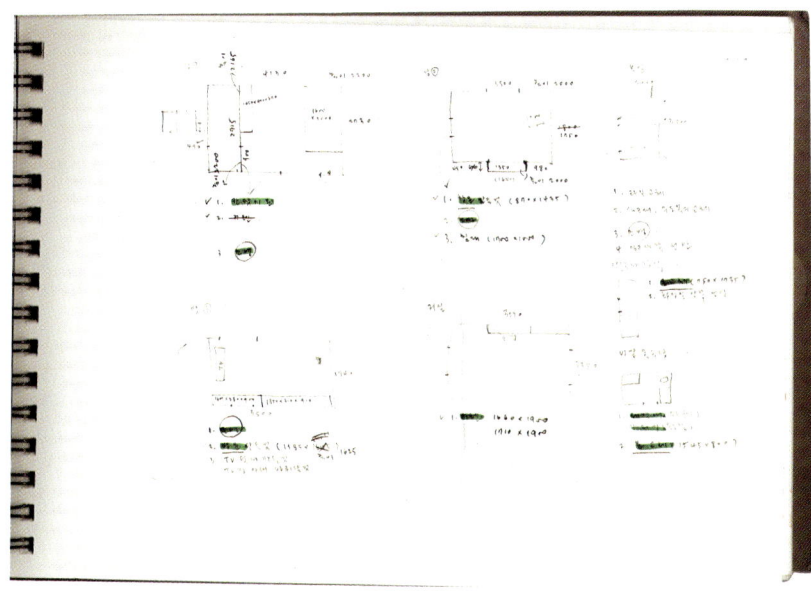

1

2

5

6

1.2 문간방의 낡은 문을 교체하기 위해 문틀정리 작업을 했다. 방한이 되지 않는 문을 제외
하고는 대부분 페인팅만 하여 그대로 사용하기로 했다. 3.4 율이가 쓸 방의 벽면이 울퉁불퉁
했다. 벽을 고른 뒤 흰색으로 페인팅했다.

3

4

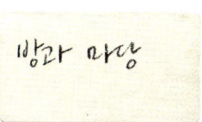

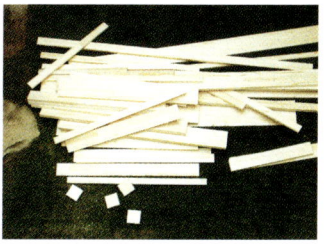

7

5.6.7 마당은 처음에 잔디만 깔았다가, 나중에 한 가정집 공사장
에서 구들장으로 쓰던 돌을 가져와 자주 다니는 길목에 놓고
디딤돌로 썼다.

1.2 마당에 있는 바깥 욕실은 낡은 세면대와 변기를 떼어낸 뒤 벽면과 바닥 고르기 작업을 했다. 3.4 좁은 욕실이 답답해 보이지 않도록 욕조와 벽 타일은 화이트 모자이크 타일로 연결하고, 바닥은 넓은 브라운 타일로 해서 마당과 이어지는 안정적인 느낌을 주었다.

3

4

7

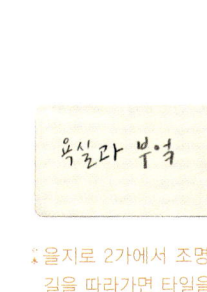

욕실과 부엌

☆ 을지로 2가에서 조명상가가 밀집해 있는 4가까지 양쪽
길을 따라가면 타일을 비롯한 인테리어 자재들을 마음껏
보고 구입할 수 있다. 골목골목 철재상과 목공소도 있으니,
기성품으로 나온 부엌 가구나 창호 디자인이 싫다면, 직접
디자인해서 의뢰해보자.

5.6.7 부엌 벽면을 고르고, 기존의 타일을 복고풍의 작은 원형
타일로 교체했다. 싱크대의 틀은 업소용 스테인리스 스틸로 맞
추고, 아래 수납장은 소나무로 짜넣었다.

조금씩 천천히

한옥은 어느 순간부터 고급 생활지라는 인상을 갖게 된 것 같다.
그러나 우리 가족이 살게 될 한옥은 북촌의 고래등같은 기와집처럼 크지도,
또 현대와 고전을 그럴싸하게 아울러 리모델링한 집도 아니다.
다세대 주택과 아파트라는 가족 형태가 생기기 전에
보통 사람들이 살던 한옥 그대로의 모습을 한 아주 소박한 집이다.
그러면서도 한옥이라면 있어야 하지 않을까 하고
우리가 상상하는 아름다운 부분들을 적당히 가지고 있는
착한 한옥이다.

이사를 가면, 가장 먼저 하는 일이 청소하는 일이다.
전에 살던 사람들이 넘겨놓은 시간과 흔적을 화학 세제를 듬뿍 뿌려
지우는 일이 우리가 집에 하는 첫 번째 일이다.
그런데 이 한옥이라는 가족은 그런 과정이 어울리지 않음을 알게 되었다.
시간이 쌓이면 쌓일수록 매번 새로운 모습을 보여주는 공간인데,
애써 그 시간을 지울 필요는 없어보였다.
그리고 우리 역시 서둘러서 공간을 채우고,
짧은 시간에 '내 집'이라는 느낌을 주기 위해 애쓰지 않아도
될 것 같다는 생각이 들었다.
그래서 처음 이 한옥을 손 본 이래로 지금까지 조금씩 고쳐나가고 있다.

마루 이야기

작은 깨달음

걸레질을 하다가 마루에 눕다

집을 옮긴 뒤 우리 생활에 많은 변화가 찾아왔다. 처음엔 낯설었지만 우리는 이 변화를 기분 좋게 받아들이기 시작했다. 가장 큰 변화는 집의 구조에서 오는 것들이었다. 한옥에서 모든 동선의 중심이 되는 곳은 단연 마루다. 대부분의 시간을 이 마루에서 보내게 된다. 안방과 율이방을 연결해주는 마루는 집의 구석구석이 다 보이는 전망을 가진 곳이기도 하다. 방과 방의 숨을 연결하는 통로이자 집의 중심이다.

어느만큼 짐정리를 끝내고 걸레질을 하다 마루에 누웠다. 아직 제자리를 찾지 못한 짐들이 마당에 널려 있다. 그렇게 비우고 비웠건만 아직도 손에서 놓지 못해 움켜쥐고 있는 것들이 나눠 주고 버린 만큼 또 나왔다.

짐이 들어오니 처음 생각했던 것보다 집이 훨씬 작아 짐정리때문에 며칠 동안 여간 힘든 것이 아니었다. 한옥으로 이사온 게 약간 후회스럽기도 했다. 아파트는 앞베란다며 뒷베란다며, 마음만 먹으면 물건을 꼭꼭 숨겨 놓을 수 있는 공간이 충분했다. 한옥은 그런 술수를 허락하지 않았다. 모든 공간이 마당과 맞닿아 있고, 마당은 하늘로 열려 있다. 모든 것을 그대로 다 보여 주어야 하는 곳이었다.

정리되지 않은 짐들을 찬찬히 훑어보니 사놓고 한 번도 쓰지 않은 물건들이 꽤 보였다. 아마도 아파트 베란다 수납장에 구겨 넣고 잊은 것들일 게다. 그것들이 없어서 사는 데 불편하지 않았던 것을 보면 꼭 필요한 물건도 아니었으리라.

마루는 한가운데 기둥을 가지고 있다. 지붕과 마룻바닥을 연결해주는 이 지지대는 우리가 마루를 오르내릴 때 든든한 버팀목이 된다. 그리고 기대 앉아 하늘을 보거나 이야기를 나눌 때 운치 있는 분위기까지 연출해준다.

소파가 없는 한옥의 마루에서는 옹기종기 모여앉아 고구마 먹는 일, 율이와 나란히 누워 책을 읽는 일에 특별한 향기가 더해지는 것 같다. 그동안 당연하게 해왔던 일들과 무심하게 흘려보냈던 일상 하나하나가 하늘과 정면으로 마주하면서, 위트가 생기는 것 같다.

마루에 누워 천장을 바라본다. 일부러 다듬지 않아 자연스러운 곡선을 가진 서까래, 그리고 지붕을 힘차게 들어 올리고 있는 대들보가 보인다. 따뜻해 보이는 흙벽과 높지도 낮지도 않은 적당한 높이의 세모난 지붕과 눈이 마주쳤다. 마당에서 불어 온 바람이 마루를 지나간다.

진짜 우리집에 온 것 같다.

우리 가족이 쓰던 현대식 가구가 과연 이 한옥과 잘 어울릴지 처음엔 고민스
러웠다. 하지만, 가구가 전과 다른 형태의 집을 만나면 또 다른 모습을 보인
다는 걸 알게 되었다. 한옥은 아파트에 놓였던 가구들을 잘 받아주었다.
모던하고 심플한 집에 고가구를 놓으면 멋스럽듯이, 한옥과 현대의 가구들이
어울리지 않을리 없었던 것이다.

1 마루 한쪽 벽면에 늘 들고 다니는 가방과 모자들을 걸어두었다.

가방이나 모자는 부피는 작아도 수납이 쉽지 않은 것들이다.
그런 물품들을 벽에 걸어 자연스럽게 노출해보자. 꺼내 쓰기에도
좋지만, 소재나 디자인이 좋은 액세서리들이기 때문에 공간에
내추럴한 분위기를 더하는 데는 그만이다. 생활 용품을 디자인
용품으로 활용해보자.

2 일본에서 구입한 벽걸이용 CD 플레이어.
걸어놓은 CD가 100% 노출되는 디자인
이라서. 어떤 CD를 넣느냐에 따라 벽의
분위기가 달라진다.

3 유치원에서 아빠와 함께하는 수업시간에 찍은 사진을 안방 문 앞에 걸어두었다. 율이는 지나다니면서 사진을 보고 그날을 생각하고 또 생각하며 즐거워한다.
4 서랍 손잡이를 모두 없애고, 옆으로 뉘여 쌓았더니 CD 수납장이 탄생했다. 마치 오래전부터 CD 수납을 위해 준비라도 한 것 같다. 그 위에 옛날 전화기를 놓아 협탁으로도 활용했다. 좁은 집에서 한 번에 두 가지 역할을 해주는 든든한 가구가 되었다. 한옥과도 잘 어울린다.

서랍장이 낡아 바꾸고 싶다면 기존의 서랍장을 통째로 버리지 말고 서랍만 재활용해보자. 서랍은 잘 짜인 수납박스이다. 그냥 쌓아올리기만 해도 전혀 새로운 개념의 수납장으로 변신한다.
새로운 가구를 사거나 맞추기 전에 자신이 갖고 있는 가구를 한 번 찬찬히 살펴보자. 색을 칠하고 무늬를 덧대는 식의 일차적인 리폼도 있겠지만, 가구의 용도 자체를 바꿀 수도 있다.

여유로운 시간 (마당 쪽 벽면)

마당에서 정면으로 보이는 벽면에는 낮은 수납장을 두었다.
마루를 큰 장식장이나 텔레비전으로 채워진 답답한 공간이 아닌 여유로운
공간으로 만들고 싶었다.

1 서까래를 받치고 있는 마루 정중앙의 대들보에 집 어디서든 볼 수 있게 시계를 걸었다. 시계는 일본에서 구입한 것인데, 빈티지한 느낌이 대들보와 잘 어우러진다.
2 공간에 내추럴함을 더해주는 작은 소품들. 바구니, 나무 상자, 종이끈, 레이스 바구니, 마로 만든 실. 때론 생활 소품을 그냥 올려놓는 것만으로도 멋진 공간이 연출된다.

갖고 있던 소파는 동생 부부에게 주고, 우리는 자연스럽게 좌식 생활을 시작했다. 대신 언제든지 이동 가능한 가벼운 책상을 놓아 마당과 하늘을 보며 책읽는 즐거움을 맛보고 있다.

어른과 아이의 공간 (율이방 쪽 벽면)

한옥은 문을 열고 닫음에 따라 다른 모습을 보여준다. 안방 문, 현관 문, 아이 방 문이라고 부르는 것보다는 방과 마루를 구분하는 문, 마루와 마당을 구분하는 문으로 부르는 게 더 맞는 것 같다. 열어두면 집 전체가 하나의 공간이 되고, 닫으면 철저하게 독립된 공간이 생긴다.

아마도 우리집이 작아서이거나 약간 변형된 집이라 그럴 수도 있겠다. 마루와 율이방 사이에 있는 문은 없앴다. 대신 사다리 형태의 수납가구를 가림막으로 썼다. 마루에서 책도 보고 그림도 그리다가 자연스럽게 자기 방으로 옮겨가 놀 수 있으니, 작은 율이방의 단점을 보완해주게 되었다.

1.2 아이방의 연장선상이라 생각하고, 아이방 쪽에 가까운 마루공간에 율이 책장을 놓았다. 마루 본래의 기능을 주기 위해 그동안 수집해온 오래된 물건들로 책장 위를 장식하고, 오른쪽 벽면에는 빈티지한 수납장을 놓았다.

아이를 키우는 집에서는 종종 아이 책장이 마루를 차지하곤 한다. 이런 경우 마루가 산만해지기 십상이다. 책장처럼 보이지 않는 수납장을 짜서 아이 책장으로 사용하고, 그 위에 멋스러운 소품을 올려놓아보자. 아이와 어른의 생활이 공존하는 마루를 만들 수 있고, 책장은 나중에 다른 용도로 활용할 수도 있다.

마루는 마당과 율이방을 오가는 아이들의 즐거운 놀이공간이 된다.

아파트에서 윗집과 아랫집 사이의 분쟁은 끝이 없다. 일곱 살의 아이를 둔 우리도 피해 갈 수 없는 문제였다. 나 역시 아이에게 "뛰지 마라"라는 말을 입에 달고 살았다. 한창 뛰어놀 나이의 아이에게 그런 말을 해야 한다는 것은 가슴 아픈 일이다. 이 집으로 이사온 날 율이에게 처음으로 한 말은 "율아, 이제 마음껏 뛰어도 괜찮아"이다. 율이는 좋아서 폴짝폴짝 뛰었다. 그리고 나는 내 아이에게 저녁이면 "뛰지 마라, 조용히 해라"라고 하지 않아도 되는 정상적인 엄마가 되었다.

2

하루종일 적당한 빛이
마루를 비춘다

넘치지도 모자라지도 않는다.
처마 밑 기둥에 기대 앉아 담담한 바람을 맞는다.
마당으로 내려온 깊은 하늘, 당당한 듯 애처로운 처마 끝이
무의식 속 감성을 두드린다.
이사온 후 혼자 앉아 멍하니 생각하는 시간이 많아졌다.
하지만 흐릿하지 않다. 더욱 오롯해진다.
언제나 치열한 문 밖의 삶, 특히 내 주위의 디자인 일을 하는
사람들은 더욱 치열해 보인다. 그들에게는 마음을 오그라들게
하는 뭐라 말하기 힘든 기류가 흐르는 것 같기도 하다.
하지만 서울 한복판에 있으면서도 전혀 다른 곳에 있는 듯한
이 집에 들어서면, 모든 것을 내려놓고 주변을 돌아보게 된다.
마루에 내려앉은 이 빛처럼 사람들의 마음도
넘치지도 모자라지도 않게 딱 이만큼이면 좋으련만....
가장 어려운 일인 것 같다.

부엌 이야기

자연을 닮아가는 삶

한옥이 내준 숙제

저녁, 부엌에서 공들여 지은 밥을 가족들과 함께 먹으며 차분한 시간을 보낸다.
앞마당에서 기른 상추와 어머니가 보내주신 고추, 알맞게 익은 아삭한 김치, 두부를 듬뿍 넣은
구수한 된장국이 오늘 저녁 메뉴다.
나무 그릇과 바구니를 좋아하는 나의 부엌은 십 년도 넘게 모아온 그릇과 바구니로 가득하다.
우연인지 내가 쌓아온 그릇들이 이 집과 참 잘 어울리고, 이 집의 부엌은 나의 그릇들을 만나
더욱 빛을 발하는 것 같아 가만히 앉아 있으면 기분이 좋다.
나무 접시와 나무 수저, 투박한 질그릇들이 부딪치는 소리도 정겹다. 부엌은 매우 좁은 편이지만,
세 식구가 머리를 맞대고 오붓하게 모여 밥을 먹기에는 모자람이 없는 공간이다. 게다가 마당과
시원한 하늘을 보며, 저녁을 먹는다는 건 꽤 근사한 일이다.
우리는 요즘들어 부쩍 이 담백한 집에서 어떤 것을 먹는 게 좋을지 고민한다. 마치 이 집이 우리
에게 숙제라도 내준 것처럼. 어떤 것을 먹을지 고민하다 보니, 어떤 것을 사야할지를 고민하게
되었고, 그 고민은 또 어디서 사야하는지에 대한 고민으로 이어졌다. 또한 생산자와 거래과정
에까지 관심이 확장되기 시작했다.
우리 가족은 환경운동가도, 지구의 환경문제에 남다른 사명의식이 있는 사람들도 아니다. 여기에
살면서 나도 모르는 사이에 자연을 생각하고 환경을 걱정하는 마음들이 생기는 것이다. 우리가
먹고 사용하는 우리를 둘러싼 사소한 것 하나라도 그것이 어디에서 왔는지 그리고 어디로 가서
없어지는지 지켜보게 되었다. 재미있는 건, 가옥형태가 바뀌면 가구가 제일 먼저 달라질 것이
라고 생각했는데 먹는 방식을 먼저 고민하는 것이었다.

천연 수세미

편행주 · 티슈대신 행주를 사용하자

광목으로 만든 시장가방

작은 허브들이나 레몬등은 버리지말고 잘 묶어 말려보자 훌륭한 소품이 된다.

폐식용유를 정제하여 만든 주방용 세제

그릇의 향기 (그릇장 주변)

살림을 하는 사람들이라면 누구나 한 번쯤 그릇에 욕심을 내보았을 것이다. 나 역시 그릇과 바구니 등 생활 용기 모으기를 좋아한다. 그래서 몇 년 동안 모아온 그릇들이 많다면 많은 편이다. 그러나 그릇에 대한 조금은 지나친 나의 욕심은 부엌 한 켠에 큰 수납장을 놓아야 하는 지경에까지 이르렀다. 하지만 이 욕심은 진한 향기를 전하기도 한다. 대부분 나무와 흙의 모습을 가장 가까이 품고 있는 나무 그릇과 질그릇이기에 수납장 문을 열면 훅하고 흙내가 풍긴다. 플라스틱이나 반영구 그릇에 비해 적당한 무게감을 가진 나무와 질그릇을 손으로 안으면 따뜻함에 그들을 쉽게 내려놓을 수가 없다. 게다가 밥과 나물 반찬의 온도를 이들만큼 제대로 품어줄 수 있는 그릇이 또 있을까.

1 대광주리를 낡은 스툴 위에 올려놓으니 훌륭
한 인테리어 수납 용기가 되었다.
2 서랍 손잡이를 다용도 걸이로 활용해보자.
그냥 거는 것보다 나무집게 등으로 포인트를
주면 색다른 멋을 느낄 수 있다.
3 엄마가 떠준 레이스 뜨개 받침을 다용도 덮개
로 사용하고 있다. 나무와 바구니는 레이스와
광목, 그리고 리넨과 잘 어울린다.
4 파리 벼룩시장에서 데려온 커피 원두 분쇄기.

스틸과 나무의 만남 (싱크대 주변)

싱크대를 놓을 자리는 크기나 위치도 어중간했지만, 사실 기성품으로 나온 싱크대는 어느 것 하나 마음에 들지 않았다. 그래서 직접 만들기로 했다. 보통 개수대 위에 놓는 상부 수납장은 달고 싶지 않았지만, 부엌이 좁으니 어쩔 수 없이 윗부분에 수납장을 짜넣었다. 싱크대 상판은 식당 주방에서 사용하는 스테인리스 스틸로 하고, 소나무로 하단 수납장을 만들었다. 스테인리스 스틸 상판은 을지로 주변의 업소용 주방기구를 판매하는 곳에서 원하는 사이즈와 모양을 말하면 저렴하게 만들 수 있다.

1 상부 수납장을 짧게 하고, 그 밑에 선반을 달아 자주 사용하는 양념통이나 그릇들을 수납할 수 있게 했다.
2 스틸 소재의 개수대와 흰색 타일과 수납장은 자칫 부엌을 차가운 공간으로 만들 수 있다. 부드럽고 따뜻한 자연 소재의 주방 용품을 이용해보자. 나무 도마와 수저, 질그릇들이 부엌을 포근한 공간으로 만들어준다.
3 개수대 상판은 벽쪽 받침대 부분까지 수납할 수 있게, 선반 기능을 고려하여 폭을 넓게 해서 짰다.

햇살의 냄새 (식탁 주변)

집안 청소를 모두 끝내고 나의 엄마가 그랬듯이 부엌 창가에 걸어둔 광목 가방에서 고구마를 꺼내 폭폭 삶는다. 집안을 도는 냄새와 따뜻한 기운이 속 깊은 안도감을 준다. 행복하게 사는 방법이 따로 있을까. 지난 시절의 따뜻한 기억이 지금의 내 모습과 겹쳐지는 순간 우리는 어쩌면 그 안에서 행복을 발견할 수 있을지도 모른다. 행복과 따뜻함은 순간을 그냥 흘려보내지 않고 발견하고 또 나답게 꾸리는 것에서 시작되는 게 아닐까.

1 오래되어 버려진 창문틀에 나무로 다리를 만들어 달았다. 아기자기한 문양을 가진 이 유리창은 우리 가족의 작은 식탁으로 변신했다. 그리고 2,3만 원대의 사무용 의자에 빈티지풍 커버를 씌워 식탁용 의자로 만들었다. 이런 작은 변신이 공간에 따뜻함과 재미를 선사하기도 한다.

2 파리 벼룩시장에서 산 주서기. 여행이나 출장길엔 꼭 벼룩시장에 들른다. 고급 옷이나 화장품보다는 시장 구경이 훨씬 재미있고, 그곳에서 발견하는 보물 같은 물건들은 마음에 오랫동안 남는다.

3

고구마의 훈기

요즘은 인테리어를 삶의 방식이든 내추럴함을 많이 강조한다.
그런 특징을 가졌다는 상품들을 찾아보면 내추럴하다는 말이 무색하게
놀랄만큼 비싸고, 또 무언가를 가장한 듯한 느낌도 든다.
내추럴한 느낌은 비싸고 고급스럽게 만들어진 물건이 있어야만
낼 수 있는 것이 아니다.
우리 생활 주변 곳곳을 주의 깊게 살펴보자. 하나하나 멋스럽지 않은 것이 없다.
특히 재래시장에서 쉽게 구할 수 있는 대나무 채반이나 소쿠리 같은 것은
얼마나 소박한 멋이 나는지 모른다.
천 원, 이천 원으로 마음에 쏙 드는 예쁜 소쿠리를 발견하고
가슴에 꼭 안고 돌아오는 날이면 그 어느 때 보다 신이 난다.
세 가족이 둘러 앉아 고소한 찐옥수수를 담아 먹을 때 쓰는 대나무 소쿠리,
울이가 아빠와 함께 빵 밀가루를 내릴 때 유용한 고운 채반,
무동화동산 소풍 때 가져간 예쁜 도시락 바구니.
부엌 한 쪽에 조용히 자리잡은 이 작은 소쿠리들은
우리가족의 재미있는 이야기들을 모두 안고 있다.
어릴 적 겨울날이면 엄마가 새로 꺼내준 따뜻한 이불을 폭 덮고
책을 읽곤 했다. 그러고 있노라면 온 집안에는 고구마 삶는 구수한
냄새가 퍼졌다.
좋은 냄새가 나던 이불 때문인지 아니면 고구마를 삶던 냄새 때문인지
그 시절의 기억은 늘 마음 한 구석에 남아 따뜻한 울림이 되곤 한다.

안방이야기

단순한 삶

단출하고 소박한 방

안방은 이사를 끝내고도 모양이 여러 번 바뀌었다. 그야말로 갈피를 잡지 못한 탓이다. 부엌이 좁아 안방으로 들인 냉장고도 그렇고, 새로 해넣은 마당 쪽 창도 마음에 들지 않았다. 마루에서 부엌으로 가려면 마당으로 가지 않는 한 꼭 안방을 거쳐야 하는 구조도 갈피를 잡지 못하는 데 큰 몫을 하는 것 같았다.

안방은 바깥의 모든 시름들을 내려놓고 편히 쉴 수 있는 공간이어야 하지 않는가. 우리집 구조는 그마저도 어렵게 하고 있었다. 그러나 구조를 탓하기 이전에 안방에 너무 많은 물건들이 들어차 있다는 사실을 나중에야 깨달았다.

처음 이사할 때 그랬던 것처럼 안방을 비우기 시작했다. 침대, 작은 이불장, 의자, 작은 수납장만 남기고 모두 정리했다. 정리를 하고 보니 처음부터 안방에 없어도 되는 것들이었다. 그러고 나니 내가 생각했던 엷은 빛이 들어오는 포근한 안방이 되었다. 늘 가까이 있는 빛이 방문을 똑똑 두드릴 수 있도록 길을 내주는 것, 그것이 안방의 문제를 해결하는 방법이었다.

엷은 빛이 드는 창가

마당으로 향한 창이 계속 마음에 걸렸다. 삐걱거리던 창을 새 것으로 바꾼 것
인데, 그 때문에 어딘가 이 집과 겉도는 느낌이 들었다. 창을 바꾼 것을 계속
후회하다 어느 날 마음에 쏙 드는 원단을 발견하고는 안방 창문에 걸면 어울
리겠다는 생각이 들었다. 놀랍게도 원단 하나로 안방은 아늑하게 바뀌었다.
세련된 블라인드보다 질감이 느껴지는 원단을 창에 걸어보면 어떨까. 저렴
하지만 따뜻한 분위기를 연출하고 싶다면 그만이다. 빛을 완전히 가리는 블
라인드보다, 빛을 부드럽게 투과시키는 원단은 색다른 분위기를 연출해준다.

부엌이 좁아 할 수 없이 안방에 들여놓은 냉장고를 해결해야 했
다. 그래서 냉장고 옆에 간이 파티션을 만들어 안방과 부엌의 경
계를 확실하게 해주었다.
전체를 다 가리는 파티션은 답답해 보일 수 있으므로 아랫부분
만 막고 윗부분은 프레임만 남겨 오픈시켰다.
프레임이 딱딱해 보이는 것 같아 유리병을 철사에 감아 두르고
떨어진 나뭇가지들을 꽂아 공간에 생기를 주었다.

서로 닮은 부부처럼 편한 집

이삿짐을 정리하다 깊숙한 곳에 넣어두었던 겨울 코트 하나를 발견했다. 남편이 만난 지 백 일째 되던 날 만들어 선물해준 것이다. 남편과 나의 이야기가 시작된지도 벌써 십 년이 되었으니, 코트도 십 년이 된 것이다. 깊은 쪽빛의 코트에서 잔잔한 바람 냄새가 났다. 남편은 그런 감성을 가진 특별한 사람이었다.

연애하던 시절 카페에 앉아 시간을 보내는 일이야말로 젊은 시절을 가장 헛되이 쓰는 일이라 생각했다. 그래서 우리는 만나면 늘 무언가를 만드는 일에 열중했다. 처음부터 우리는 어딘가 많이 닮아 있었다.

버려진 창틀을 주워와 잘 닦아서 남편에게 침대 위 벽면에 걸어달라고 하면 남편은 타박 없이 뚝딱뚝딱 걸어준다. 그의 손길 아래서 낡은 창틀은 금세 우리집만의 독특한 액자가 된다. 남편과 나는 액자가 된 창틀을 보며 흐뭇해한다. 크고 화려한 화장대보다 낡은 창틀 하나가 더 좋은 아내와 비싸고 훌륭한 액자보다 아내가 만든 낡은 창틀 액자가 더 좋다는 남편.

십여 년이 흐른 지금, 우리는 이제 아무것도 하지 않는 시간이 삶에 꼭 필요하다는 것을 알게 되었다. 이것저것 다 거둬낸 안방에 깊은 고요가 흐른다. 먼지를 탁탁 털어 새로 말린 폭삭한 침대에 몸을 뉘이면, 하루종일 우리를 괴롭히던 바깥의 번잡한 일들도 이내 사라지는 것 같다. 오랜 세월을 쌓아 함께 만든 풍경, 이제는 서로가 서로인 편안한 부부, 아마도 집이란 그런 것인지도 모르겠다.

단순한 삶을 담은 안방 만들기

침대와 작은 이불장 하나, 의자와 작은 수납장 하나만 안방에 남겨두고 모두
정리했다. 그런 후에야 포근한 안방이 되어가는 느낌이 들었다.

1

2

1 허전해 보이는 벽에 버려진 낡은 창틀을 걸고
그림과 마음에 드는 노트, 사진 등을 올려놓았다.
시간의 흔적을 자연스럽게 담은 우리집만의 훌
륭한 액자가 되었다.
2 소나무로 만든 이불장과 의자. 의자는 원래 용
도로 쓰기도 하고, 침대 옆에 두고 책이나 시계
를 놓아 협탁으로 사용하기도 한다.

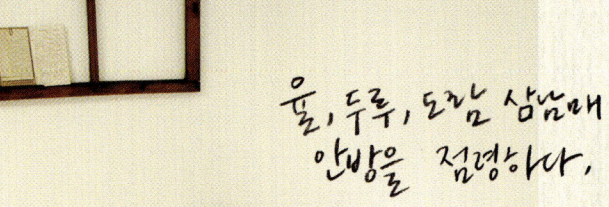

4

율, 두루, 도담 삼남매
안방을 점령하다,

아이방 이야기

따뜻한 기억

나와 같은 율이의 기억

추운 겨울, 친구들과 종일 온 동네를 뛰어다니다 집에 들어가면 엄마는 내 손을 꼭 잡고 따뜻한 아랫목에 깔린 담요 밑으로 넣어주시곤 했다. 내가 느낀 엄마의 사랑은 겨울 아랫목 같은 것이다.

내 어린 시절은 살찐 고양이 한 마리와 작은 마당이 있던 집에 대한 기억들로 가득하다. 생각해보니 지금의 우리집과 닮은 것 같다. 내 마음 어딘가에 조용히 자리잡고 있던 기억들이 어쩌면 나를 필연적으로 이곳에 오게 했는지도 모르겠다. 아이는 자기가 지냈던 주변 환경을 평생 기억 속에 간직하며 자란다. 그 시절의 기억들은 자기도 모르는 사이에 삶에 새겨진다.

이 집에서 율이의 마음과 생각은 어떻게 커갈까.

어느 날 마당에서 무언가를 한참 생각하던 율이가 내게 말했다.

"엄마, 나는 한옥으로 이사와서 참 좋아. 기와지붕이 정말 예쁜 것 같아.

마당에서 뛰어 놀아도 되고, 매일 하늘도 볼 수 있잖아."

이 집은 분명 아이에게 좋은 기억을 주게 될 것 같다.

해가 뉘엿뉘엿 지기 시작하면 부엌에서는 어김없이 엄마의 도마질 소리와 밥 짓는 냄새가 났다. 동생과 나와 고양이는 바스락대는 이불이 깔린 방을 마냥 내달렸고 엄마는 기분 좋은 웃음소리로 저녁을 준비하셨다. 엄마는 항상 모자라다 하지만 나를 아낌없이 사랑하셨다. 그리고 지금의 내게 그때의 나만한 아이가 생겼다. 율이도 나처럼 이 집의 기억을 마음 한 편 어딘가에 넣어두고, 가슴이 시릴 때마다 꺼내들고는 행복해했으면 좋겠다. 그리고 내가 나의 엄마를 기억하듯 그렇게 자신을 아낌없이 사랑해준 엄마로 기억하면 좋겠다.

율이의 해바라기 꿈

아이들의 그림에는 우리가 상상하는 그 이상의 세계가 담겨 있다. 율이의 방에 율이만의 전시공간을 만들었다. 동기를 부여해주니 그림 그리는 일에 더욱 열중한다. 나는 율이가 무슨 일을 어떻게 하건 조급증을 내며 바라보지 않으려 한다. 그래도 간혹 흔들릴 때가 있다. 그때마다 한옥 구석구석을 바라본다. 이 집의 포근함이 하루하루 천천히 쌓인 시간에서 전해져오는 것임을 떠올려본다. 어느새 집은 나를 나직하게 내려보며 이야기를 건네는 것도 같다. 서두르지 말라고. 이곳에서 율이가 저절로 쑥쑥 자라나길 기다리며, 늘 밝은 태양을 향한 해바라기처럼 꿈꿀 수 있도록 시켜보는 세 엄마인 내가 할 일의 전부가 아닐까 하며 마음을 추린다. 한 걸음 물러나 율이가 스스로 반짝반짝 빛을 내며, 따뜻하게 세상을 안을 수 있기를 소망하면서 말이다.

크레용과 사인펜 등 그림 도구들은 언제나 꺼내 쓸 수 있도록 항상 보이는 곳에 둔다.

1 아이방 천장에 종이로 만든 열기구 장난감을 매달아주었다.
열기구를 타고 80일간 세계여행을 떠난 소설 주인공, 필리어스 포크를 생각하며.
2 귀여운 작은 원단들을 모아 율이에게 패치워크 방석을 만들어주었다. 아이방에
예쁜 원단 몇 가지로 포인트를 주면 사랑스럽고 아기자기한 분위기가 난다.
3 자주 가지고 노는 장난감들은 작은 선반을 만들고 그 위에 놓아, 언제든지 꺼내
놀 수 있게 했다.

아이는 자기만의 방에서
놀이를 하고, 책도 읽고, 잠도 잔다.
그러나 그 무엇보다도
소중한 꿈을 키워나간다.

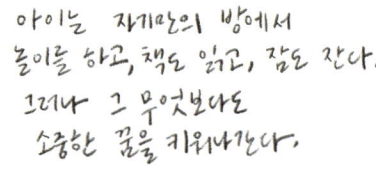

녀석만의 정리방식

박스 모양으로 만든 서랍장은 장난감을 구분해 넣기에 편하다. 장난감은 놀고난 다음에 아이가 꼭 정리하도록 한다. 놀이를 할 때에도 필요한 박스만 빼서 놀고 다시 집어넣으면 되므로, 아이의 정리 습관을 길러주는데 도움이 된다. 참으로 신기한 것은 아이들에게도 자기들만의 정리방식이 있다는 것이다. 간혹 내가 율이의 서랍장에 율이가 가지고 놀던 것을 아무곳에 넣어 둘 때가 있다. 그러면 율이는 단박에 알아차리고 나를 나무란다.
"엄마, 작은 자동차는 왼쪽 첫 번째 박스에 넣어야지"하고 말이다.
내가 봤을 때 그냥 장난감 중 하나일 뿐인데 말이다.

소년 리사이클러

재활용품들은 훌륭한 놀잇감이 된다. 모아둔 재활용 상자로 이것
저것 만들더니 자기만의 장난감을 하나 완성한다.

초상화 그림
그려줍니다

아이들의 상상력은
도대체 어디에서 나는걸까?
재활용품들을
훌륭한 놀잇감으로 만든
율이의 반짝이는 상상력에
절로 웃음이 난다.

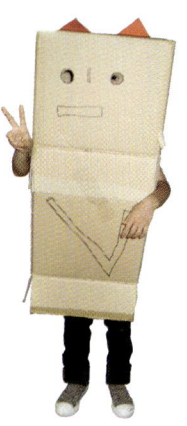

5

아이가 알려준
또 다른 인생

일하면서 엄마로 산다는 것은 정말 쉬운 일이 아니다.
어떤 장난감을 줘야 할지부터 시작해, 어떤 교육법이 좋은지에 대한
정보력이도 떨어질 뿐더러 마음 한 구석엔 아이와 하루종일 같이 있어주지
못해 죄책감이 들었다.
　　어쩌면 일하는 엄마들 중에서도 나는 자유로운 편이고,
아이와 많은 시간을 보내는 다정한 아빠가 있어 그나마 다행인지도
모르겠다. 우리는 아이가 세상으로 난 여러가지 길이 잘 보이도록 비추어
주면 된다. 수많은 길 중 무엇을 선택하든 그것은 아이의 몫이다.
　　어느 날 보니 훌쩍 큰 율이가 나와 삶에 대한 이야기를 나누
고 있다. 어떨 때는 나를 나무라기도 하고 나를 위로하기도 한다.
내가 율이를 키우고 있는 것이 아니라 스스로 열심히 커가고 있고,
율이로 인해 내가 또 다른 인생을 배우고 있었다.
아이들마다 켜가 결이 다른테, 다른 엄마들처럼 하려고 애쓰는게
아이를 위한 것이 아니라 나 스스로를 안심시키기 위한 일임을
깨닫게 된다.

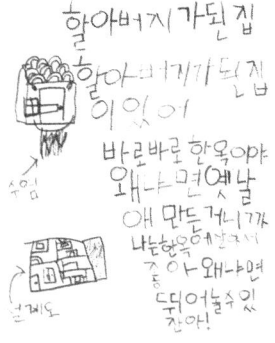

할아버지가된 집

할아버지가된집
이었어

바로바로 한옥이야
왜냐면 옛날
애 만든거니까
나는한옥이좋아겠지?
좋아 왜냐면
딛어놓을수있
잖아!

마당 이야기

시간의 흐름

푸른 마당에 대한 로망

　　　나는 마당에 대한 로망이 있었다. 따사로운 햇살이 비추는 날, 어느 영화 속 소녀처럼 맨발로 잔디를 밟는 것이다. 그리고 율이와 함께 잔디에 앉아 책을 보며 이야기를 나누는 것. 애써 가꾼 흔적 없는 자연스러운 잔디의 푸른 마당. 이것이 마당에 대한 나의 로망이었다.

아주 어렸을 때 이후로 줄곧 아파트에서만 살아서 그랬는지 나는 푸른 마당이 있는 집을 가장 이상적인 집이라 생각한 것 같다. 원래 이 집 마당의 바닥은 여러 가지 모양의 타일들이 여기 저기 붙어 있었다. 하나가 깨지거나 떨어질 때마다 이 집에 살았던 사람들이 자기가 좋아하는 타일들로 땜질해놓은 흔적이 남아 있었다. 나름대로 재미있는 이야기를 들려주긴 했지만, 나는 잔디를 까는 사치만큼은 꼭 누리고 싶었다. 그리고 모든 이의 반대를 무릅쓰고 기어이 잔디를 깔았다. 처음 얼마간은 우리 가족 모두 그 잔디에 흡족해했고, 나는 나대로 잔디 마당에 대한 로망들을 하나씩 실현해보기도 했다.

그러나 얼마 지나지 않아 우리가 계속 밟는 부분의 잔디들이 죽기 시작했다. 잔디도 하나의 생명이라는 사실을 잊고 있었던 것이다. 우리는 이 문제점을 보완하기 위해 디딤돌을 놓기로 했다. 인근 공사장에서 나온 구들장을 한 장에 오천 원에 가져왔다. 남편과 나는 종일 돌을 나르고 깔아 잔디를 정리했다. 힘은 들었지만 구들장을 총총 밟고 뛰어다니는 율이를 보며 이젠 되었다고 생각하고 있었다.

그러나 이 구들장때문에 우리가 마당에서 포기해야 하는 부분들이 생겨났다. 잔디를 보호하기 위해 구들장만 밟고 다녀야 하는 지경에 이르렀고, 율이는 자전거를 탈 수 없었다. 잔디는 더 이상 로망 속의 푸른 잔디가 아니었다. 그리고 짧았던 봄, 딱 그만큼의 푸름을 자랑하고는 잔디는 여름 장마와 함께 거의 사라지고 말았다. 우리의 서툴고 미흡한 관리때문이었을 수도 있지만, 짧은 시간에 완벽한 자연을 얻으려 했던 인위적인 방법이 문제였으리라. 잔디는 여름과 함께 사라져 가고, 가을이 왔다. 그러자 가을의 마당에 이름 모를 푸른 식물들이 하나둘 자라기 시작했다. 구들장엔 이끼도 생겼다.

이제 정말 오랜 시간이 만든 자연스러운 마당이 되어가고 있다.

첫 번째 마당, 일요일 아침 풍경

마당 처마 밑에 벤치 개념의 바깥 마루를 만들었다. 내부를 신발장으로 쓰기
위해 문짝을 달았다. 이 바깥 마루 덕분에 봄과 여름을 그리고 가을을 원없이
마당에서 지냈다.

율이는 이 방, 저 방, 마루에서 마당으로 신이 나서 뛰어다니고 남편은 그 뒤
를 쫓는다. 나는 마루에 누워 하늘과 두 사람을 번갈아 바라본다. 시원한 바람
이 불고 풀냄새에 기분이 좋다. 남편과 아이의 웃음소리가 스타카토로 울리고,
라디오에서 내가 제일 좋아하는 음악이 흐른다. 우리집의 일요일 아침 풍경
이다. 이 모든 것을 지켜내는 일이 그리 어려운 일이 아님을 매일매일 배우며
산다.

휴일의 대부분을 마당에서 보낸다.
친구들을 초대해 작은 파티를 열거
나, 일요일의 브런치를 즐긴다.
언제나 아늑한 미음자 한옥의 마당
에서 우리 가족은 분주한 일요일
아침을 맞는다.

두 번째 마당, 풀냄새 가득한 비가 내렸다

이사를 마치고 며칠 후 여름을 예고하는 아쉬운 마지막 봄비가 내렸다. 처마를 타고 떨어지는 빗방울 소리와 비가 오니 더욱 진동하는 향긋한 풀냄새가 마당에 그득했다. 비오는 날은 하늘마저도 마당으로 성큼 내려와 살갑게 우리를 바라본다. 오늘 우리가 자연의 마음을 느낄 수 있도록 이 자리에 오랫동안 조용히 앉아 기다려준 집에게 감사한 날이었다.

세 번째 마당, 햇살담은 뽀송뽀송 빨래 냄새

한가롭게 햇살이 내리던 어느 날이었다. 빨래를 탁탁 털어 널고 있는 엄마 옆
에서 동생과 나는 마당에 그림을 그리며 놀고 있었다. 물과 비누 냄새가 좋았
고, 엄마는 마당에 있는 우리를 흐뭇하게 바라보셨다.

볕 좋은 날 빨랫줄에 널어 말린 빨래에선 햇살 냄새가 난다. 그리고 엄마 냄새
가 난다. 엄마에게는 햇살을 가득 담은 뽀송뽀송한 빨래 냄새가 났다.

오늘은 내가 빨래를 널고, 율이는 내 옆에서 그림을 그리며 논다. 탁탁 털어
널어놓은 이불 빨래가 바람에 산들산들 흔들린다. 솔로 빡빡 닦아놓은 율이
의 실내화도 어느새 말라간다. 볕도 바람도 적당하다. 아파트에서는 느끼지
못할 또 하나의 기억이 율이도 모르는 사이 마음에 자리를 잡을 것이다.

햇살담은 빨래 냄새가 녀석의 행복한 기억 창고 속에 쌓이는 날이다.

네 번째 마당, 계절의 변화를 가장 먼저 알리는 곳

바람 끝이 차다. 가을 옷을 꺼내 입고 마루에 걸터앉아 마당을 바라보니 어느
덧 나무도 색을 바꾸었다. 이사를 오고 벌써 세 번의 계절을 맞이했다. 초록
기운이 늠름하던 봄을 지나 찬란한 청춘 같이 뜨겁던 여름이 지나갔다. 때가
되면 어김없이 찾아오는 계절의 변화들이 이젠 가슴 속에 깊숙하게 들어찬다.
작은 마당은 계절의 변화를 우리에게 있는 그대로 고스란히 꺼내 보여준다.
그리고 나를 부지런한 사람으로 만든다. 봄의 마당은 그야말로 살아있는 것
들의 기운이 넘쳐났다. 어느 날은 꽃을 피우고 어느 날은 열매를 맺기도 했다.
작은 식물에게 마음을 기울이고 자연이 주는 아름답고 신비로운 변화들을 율
이와 함께 느끼고 경험한다. 밤새 열심히 피어난 꽃에게 수고했다 말해주고,
꽃이 지면 다음에 더 멋진 모습으로 만나자 말해준다.

율이는 자연스럽게 식물과 풀벌레와 소통하는 법을 배운다. 작은 마당에서 그에 알맞은 작은 식물을 기르는 일을 시작으로, 세상에는 사람뿐만 아니라 다양한 것들이 각자만의 특별함을 가지고 공존하고 있음을 율이가 느낄 수 있길 바란다.

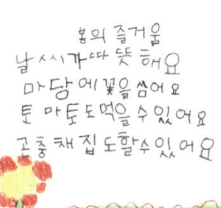
봄의 즐거움
날씨가 따뜻해요
마당에 꽃을 심어요
토마토도 먹을수 있어요
곤충 채집도 할수있어요

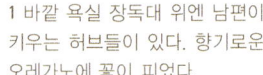

1 바깥 욕실 장독대 위엔 남편이
키우는 허브들이 있다. 향기로운
오레가노에 꽃이 피었다.
2 스파게티를 잘 만드는 남편은
바질을 심었다. 바질을 따는 것은
권율의 몫이다.
3 토분과 양철통. 오래되고 낡을
수록 더욱 멋이 나는 정원 용품들.

마당에
오리 출현

어느날 마당 화분 위에서
윤이가 가져다 놓은
장난감 동물 피규어를 발견했다.
"쿡쿡"웃음이 나왔다,
흙과 식물, 곤충과 동물들, 그리고 우리들,
모두가 함께인 세상을
윤이가 조금씩 알아가겠지.

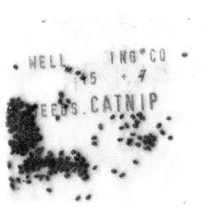

율이네 고양이들의 일상

두루와
도람이

이만큼 가까워진 둘사이

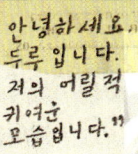

"안녕하세요
두루 입니다.
저의 어릴적
귀여운
모습입니다."

소년 율
YUL

꼬맹이 두루

호기심 많은 두루 ↑

늘 율이가 있는 곳에
함께 있는 두루와 도람

귀여운 도람

호시탐탐
과자를 노리는 두루 →

CHEESE

우리는
가족 ♥

엄마의
소풍 이야기

새로운 발견

버려지는 것의 쓰임

　　　　　　몇 년 전 나는 사무실 앞에 리노베이션 중인 가정집을 유심히 지켜보았다. 어느
날 보니, 그 집 대문 앞에 뜯어낸 문짝들과 버려진 나무들로 가득했다. 버려질 그 문짝들을 보
는 순간 너무 예뻐서 가슴이 마구 뛰었다. 내가 없는 사이에 사라질까 노심초사 지키고 있다가
공사하는 분께 버릴 것인지를 확인하고는 집으로 모두 가지고 왔다. 아마 내 눈에만 예뻐 보이
는 것인지 모를 일이지만, 그나마 다행인 건 그런 것들을 주워오는 나를 남편은 싫은 내색 없이
도와준다는 것이다.

그 문짝들 중 어떤 것은 테이블로 만들고, 어떤 것은 수납장으로, 또 어떤 문짝은 그냥 자연스
럽게 벽에 기대어 둔다. 그러면 오래된 것들만이 지닌 멋스러움과 따뜻함이 전해져온다. 우리
집에 놀러왔던 어떤 분은 집의 테이블과 수납장들을 본 뒤로, 길을 걷다가도 버려진 것들이
눈에 들어와 그냥 지나칠 수 없게 되었다고 한다.

지금 우리집 부엌 한 귀퉁이에서 식탁으로 변신하여 누워있는 창은 그 누군가의 방에 햇살을
담아내고 바람을 막아주었을 것이다. 어떤 이가 창가에 기대 아련한 편지를 썼을지도 모른다.
그리고 얇은 창 하나를 사이에 두고, 그 너머에 있는 사랑을 애타게 찾던 소년의 입김이 남아
있을지도. 오래된 것이 불러일으키는 즐거운 상상, 그것이 안겨주는 위로와 평안은 말로 설명할
수 없을 만큼 따뜻하다.

1 리노베이션이 한창이던 어느 가정집 공사장에서 가져온 다락방 계단. 사무실에서 책과 자료를 쌓아두는 책장으로 쓰고 있다. 억지로 만들려 해도 담을 수 없는 시간의 흔적이 느껴진다.

2.3 낡은 창문을 테이블로 만들었다. 옛날 창문에 달린 유리의 무늬는 요즘 디자인과 한참 거리가 멀지만, 그 어떤 패턴보다 소박한 멋을 풍긴다.

4 낡은 창문을 수납장 문으로 달았다. 오래된 문은 뒤틀려 있는 경우가 많아서 수납장의 프레임과 딱 맞아 들어가지 않았다. 하지만 약간 뒤틀리고 삐죽 튀어나온 수납장 문은 그 나름의 매력이 있다. 문을 열 때마다 삐걱거리는 소리는 덤이다.

5 허전한 벽에 특별한 의미를 주고 싶거나 가리고 싶은 부분이 있다면, 그 자리에 낡은 창문을 놓아보자. 오래된 공간처럼 편안해진다.

오래된 것의 따스함

　　　　나에게는 아주 낡은 방석이 하나 있다. 보풀이 일어날 대로 일어나고, 엉덩이 크기만큼 움푹 팬 자리가 회복되지 않는, 그러나 나에게 꼭 맞는 방석. 그 방석이 있는 자리가 바로 내 자리다. 예측가능하다는 것은 언제나 안심이 된다.

살다보면 구김하나 없이 빳빳한 새 책 같은 관계가 생기게 마련이다. 의미 없는 대화들이 오가고 그래서 더욱 외로워지기도 한다. 내 본연의 모습 그대로를 받아주고, 말하지 않아도 서로를 잘 알고 도닥여주는 건 오랜 친구들이다. 그들처럼 오래된 물건은 우리에게 물건 이상의 의미를 가져다주고, 또 많은 이야기들을 들려준다. 지나간 세월만큼의 이야기를 담고 있는 오래된 물건은 어쩌면 각기 다른 시대의 사람들을 이어주는 소통의 매개체인지도 모르겠다.

낯선 여행지에서 마음에 쏙 드는 낡은 물건을 만나면 얼마나 마음이 놓이는지 모른다. 헌책방에서 구입한 책에서 이 책을 나보다 먼저 읽었을 사람의 마음이 담긴 메모를 발견하기도 한다. 얼굴을 알 수 없는 그 누군가의 메모와 그가 쳐놓은 밑줄들... 나는 그 메모 밑에 나의 글을 덧붙인다. 이 책을 되팔게 되면, 또 다른 이가 그 위에 자신의 생각을 더하기를 바라면서 말이다. 이것이 오래된 물건만이 줄 수 있는 소소한 재미가 아닐까.

1

2

3

4

1 파리 방브 벼룩시장에서 구입한 술병은 빈티지한 느낌의 인테리어 소품이 되어준다.
2 역시 파리의 벼룩시장에서 만 원에 구입한 진공 유리병. 바느질 용품들을 보관하는
용기로 사용하고 있다.
3 태국 여행 때 중고가구 시장에서 찾아낸 빈티지한 포트. 이만 원 정도에 구입했다.
4 영국 선버리 빈티지 벼룩시장에서 구입한 라디오. 탁자든 바닥이든, 어느 곳에
두어도 공간과 잘 어우러진다.

5 까슬까슬한 종이, 사각거리는 연필, 펜과 잉크. 요즘엔 잘 사용하지 않는 문구 용품들이다. 하지만 담백한 아날로그의 멋을 품고 있는 이 문구들은 생활에 재미와 감성을 충만하게 해준다. 볼펜이 아닌 연필을 들고 있는 사람은 특별한 무언가가 있는 것만 같다. 이제 이런 문구 용품은 내가 어떤 사람인지를 표현하는 물품이 되어가는 모양이다.

6 파리 벼룩시장에서 구입한 재단 자와 펜. 자는 모서리를 돌리면 길게 펼쳐진다.

7 중국의 한 시장에서 발견한 스탬프. 손잡이에서 묵직함이 느껴진다.

6

7

Abbey
Argas Regulars

투명한 유리병 속 자연

　　　어릴 적 마시던 종이 뚜껑 유리병에 담긴 흰 우유는 마시면 입 주변을 하얗게 물들이고, 병 바닥에 잔잔히 깔렸다. 종이 패키지에 담긴 우유는 아직도 왠지 낯설고, 플라스틱 우유병 역시 예전의 유리병에 대한 추억을 채워주기엔 여전히 모자라다.

유리병엔 산들산들 바람이 부는 봄날의 하얀 아침 같은 청명함이 있다. 그리고 이상하게도 그 투명함은 기분좋은 온기를 전해준다. 막 끓인 보리차를 유리컵에 담아 두 손으로 감싸면 마음이 편안해진다.

다 마시고 난 주스 병에 떨어진 나뭇잎을 무심하게 꽂아본다. 떨어지곤 이내 시들어버릴 나뭇잎과 재활용 상자 속으로 들어가야 할 주스 병에 어느새 생기가 돈다. 그리고 잠시나마 내 책상 위에 새로운 자연계가 펼쳐진다.

1 작은 약병을 깨끗이 씻어 마당 선반 위에 올려두었다.
2 먹고 남은 둥근 주스 병에 마끈으로 옷을 짜서 입혔다. 내추럴한 느낌
의 꽃병이 되어 병 속 나뭇잎의 파릇파릇함에 생기를 더한다.
3 일본에서 구입한 수제 유리병 모빌을 풍경 대신 달아보았다.
4 과학시간에 쓰는 시험관 유리병을 철사로 길게 연결해서 벽에 걸
었다. 유리병 안에 길가에 떨어진 잎들을 꽂아 흰색 공간에 푸름을
보탰다.

바구니와 질그릇의 정겨움

해가 질무렵이면 나를 부르는 엄마의 목소리가 들렸다. 그러면 친구들과 놀다 가도 곧장 집을 향해 달렸다. 꼬질꼬질해진 손을 씻고 다 같이 옹기종기 모인 저녁 밥상 앞에 앉는다. 숟가락과 그릇이 부딪치는 소리, 동생과 내가 조잘대는 소리, 아빠와 엄마의 웃음소리가 있는 곳. 그냥 단순한 저녁 밥상은 아니었다. 가족의 저녁 밥상엔 많은 것이 있었다. 아빠와 엄마와 동생의 이야기 속에, 엄마가 차린 밥과 국과 반찬 안에, 그리고 그 모든 풍경 속엔 분명히 나를 지금의 나로 만든 그 무언가가 있었다. 저녁 밥상머리는 내 마음의 키가 쑥쑥 자라나는 곳이었다.

지금 우리 가족의 저녁 밥상엔 흙으로 만든 질그릇과 나무 그릇이 놓인다. 그것들은 소박함과 정겨움을 전한다. 조금씩 이가 나가고 금이 가도, 쓰면 쓸수록 손에 익는 맛에 새 것으로 바꿀 수가 없다.

나는 이왕이면 밥상을 예쁘게 차리려고 애쓴다. 사실 가족이 모여 즐겁게 먹는 저녁 밥상인데 그 어떤 그릇인들 행복하지 않으랴. 하지만 나는 그 시간만큼은 우리 가족에게 자연이 담긴 예쁘고 소박한 밥상을 내고 싶다. 보고 먹고 느끼고 그렇게 또 밥상과 닮은 이야기들이 나오고, 우리도 모르는 새 마음속 어딘가에 자리잡을테니 말이다.

1.5 모양과 색깔이 요란한 컵보다는 기본 형태에 충실한 컵이나 나무 재질의 컵이 좋다.
무뚝뚝하지만 깊은 속내가 느껴진다.
2 예전에 인사동에서 구입한 접시와 볼. 손으로 직접 깎은 과정이 그대로 담겨 있어
소탈한 멋을 느낄 수 있다.
3.4.7 나무로 만든 그릇은 스테인리스 스틸이나 플라스틱 그릇이 줄 수 없는 따뜻함을
식탁에 선사한다.
6 시머머니가 직접 만들어주신 질그릇. 나무 그릇과 식탁에 놓으면 그야말로 자연이
담긴 한 끼가 시작된다.

4

7

1.4.7 나무 바구니는 보관 용기로 다양하게 활용할 수 있으며, 집안 한 구석에 놓으면 내추럴한 멋을 더해준다.

2 사각 대나무 소쿠리에 천을 깔고, 수저와 포크 등을 보관하면 보기에도 좋지만, 통기성도 뛰어나다. 소풍갈 때 샌드위치를 담아도 좋다.

3 재래시장에서 구입한 대나무 소쿠리. 갓 찐 고구마나 감자, 오늘 먹을 과일을 담아내도 좋고, 인테리어 소품으로도 그만이다.

5 손님을 대접할 때 나무 수저를 긴 사각 대나무 바구니에 넣어 주인의 정성을 전달해보자.

6 손으로 깎아 만든 나무 숟가락과 나이프. 손가락에 닿는 나무 느낌이 기분 좋다.

손으로 만드는 즐거움

남편과 나는 연애시절부터 끊임없이 손으로 무언가를 만들었고, 그렇게 만들던 것들을 조금씩 판매하던 것이 지금 우리가 하는 일이 되었다. 손맛 나는 무언가를 만드는 일이 즐거웠고, 즐겁게 계속하다보니 어느 순간 그것이 사람들이 말하는 우리의 직업이 되어 있었다.

손으로 만드는 즐거움을 일찌감치 알게 된 게 우리에겐 큰 행운이었던 것 같다. 하고 싶은 일을 마음껏 하고 있으니 말이다. 지금은 주문이 늘어 대량생산을 하니, 손으로 일일이 만들어 판매했던 처음처럼 손맛과 정성을 많이 담을 수는 없다. 하지만 우리가 만든 것들이 지금도 어느 한 사람에겐 자기만의 이야기가 담긴 노트가 되어 세상에 단 하나뿐인 책이 될 것이고, 그 누군가에겐 사랑하는 사람에게 건네주려 밤새 써내려간 설레는 편지 한 장이 될 것이라 생각하며 만든다. 아주 작은 물건 하나로도 사람과 사람들 사이의 소통이 이루어지고, 아름다운 감정들이 만들어진다고 믿는다. 이런 생각을 하면 내 가슴도 설레인다.

내가 손으로 직접 만든 것이 우리집 한 곳에 놓여 자리를 소박하게 빛내주고, 우리 가족이 유용하게 사용해준다면 얼마나 기쁜 일이겠는가. 엄마가 만든 또는 아빠가 만든 우리 가족을 위한 작은 물건들은 분명 사소한 물건 그 이상의 의미로 남을 것이다.

5 마당으로 난 마루의 문에 커튼을 달았다. 하얀색 커튼 위에 넓은 레이스를 달았더니, 아기자기한 멋이 난다.

1 잡지를 보고 리넨으로 만든 율이 앞치마. 슬며시 벽에 걸어둔 앞치마가 멋스럽다.
2 아기 옷 모양을 한 가방에 율이의 이니셜을 넣어 리폼했다. 율이의 기저귀 가방으로 쓰던 것인데 지금은 장바구니로 들고 다닌다. 손바느질 초보자라면 집에 있는 평범한 가방이나 옷에 자신의 이니셜을 새기는 것부터 시작해보자. 나만의 것으로 리폼하는 재미가 있다.
3 뜨개질로 만든 레이스 받침들. 어릴 때 엄마들은 모든 물건에 레이스 덮개나 받침을 두곤 했다. 집에 있는 물건을 위해 받침을 만들어보자. 나의 물건들을 더 사랑하고, 아껴야 할 것 같은 마음이 생긴다.
4 자투리 천을 재활용해 보자. 천에 양면 테이프를 붙여서 클립에 돌돌 감아보자. 러블리한 나만의 클립이 완성된다. 천은 선물 포장용으로 활용할 수도 있다. 평범한 스프링 노트는 끝부분에 칼집을 내어 끈을 달았더니 멋스러운 스크랩북이 되었다. 쓰고 남은 것들로 일상에 사소하지만 즐거운 느낌을 줄 수 있다.

2

3

4 고양이 두루에게 침대를 만들어주었다. 포근하고 따뜻한지 금새 잠이 든다.

1 빈티지한 단추들을 모아놓았다. 단추는 쿠션이나 방석 등을 만들 때 포인트를 주기 위해 가끔 사용한다.
2 빈티지한 원단을 구입해 솜을 넣었다 뺄 수 있는 구멍을 내어 쿠션을 만들었다.
3 초록색 원단을 찢어 흰 커튼 위에 미니 커튼으로 달았다. 그냥 두니 심심해 보여, 일본의 어느 작가처럼 원단 끝을 나뭇잎 모양으로 오렸다. 바람이 불면 초록색 원단 잎이 살랑거린다. 바느질도 필요없다. 가위 하나면 충분하다.

아빠와 아이의
요리 이야기

맛있는 하루

생활 속 오감체험

요리를 즐기는 남편은 예술의 종착지가 요리라고 믿는 사람이다. 정성스럽게 준비한 재료, 먹을 사람을 생각하며 즐거운 마음으로 음식을 만드는 요리사, 그렇게 만들어진 음식을 감사하는 마음으로 먹는 사람들, 맛있는 음식을 먹고 행복해지는 마음. 남편의 말대로 그것이야말로 아름다운 예술인지도 모른다.

뚝딱뚝딱 눈 깜짝할 새 무언가를 만들어내는 남편을 보고 있으면 주부의 영역을 침범당한 것 같아 위기감마저 느낀다. 그리고 아빠가 만든 음식이 더 맛있다는 율이의 말에 몇 번의 좌절감도 맛보았다. 그러나 끊임없이 요리를 배우고 누군가에게 맛보이는 것을 무척이나 좋아하는 남편 덕에 맛에 대한 구분이 전혀 없던 나의 둔했던 미각은 신랄한 비평가 수준이 되어간다.

아빠가 집에서 가끔이라도 요리를 한다는 것은 집안 풍경에 많은 변화를 준다. 집에서 아무것도 하지 않는 아빠보다 가끔 가족을 위해 맛있는 음식을 만들어주고, 아이와 엄마가 아빠를 돕는 모습 속에서 아이는 스스로 보고 느낀다.

아빠가 스파게티를 만들면 율이는 바질을 따고, 샐러드를 만들 때면 야채의 물기를 빼는 일을 도맡아 한다. 피자에 쓸 토마토를 손으로 으깨어 토핑을 올리기도 한다. 율이는 이 과정을 놀이로 인식하는 것 같다. 그리고 자신이 가족의 일원으로 무언가를 하고 있다는 것에 큰 의미를 두고 자랑스러워한다. 그 어떤 체험학습보다 훌륭한 생활 속의 오감체험인 셈이다.

신선한 어린 잎 야채 샐러드 샌드위치

준비할 재료들

우리밀 식빵 + 신선한 계란 + 고소한 베이컨 + 체다 슬라이스 치즈
신선한 어린잎 야채 + 올리브 오일 + 발사믹 비네거 + 파마산 치즈
다진 마늘 + 소금과 후추 약간

빵 한쪽 면에 만든 소스를 고루 바른다.

빵에 바를 소스 만들기
올리브오일과 다진 마늘을 잘 섞는다.

garlic

olive
oil

오븐에 넣고
바삭해질 때까지 굽는다.

린잎 야채는 깨끗이 씻어 물기를 뺀다.

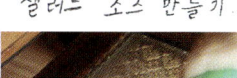
샐러드 소스 만들기

파마산 치즈를
어린잎 야채에 넣고 고루 섞는다.
소금과 후추를 조금씩 넣어
간을 한다.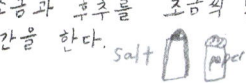

3:1 올리브 오일과 발사믹 비네거를
3:1 비율로 넣는다

계란은 빵 크기 정도의
네모 모양으로 부치고,
베이컨는 노릇하게 굽는다.

구워낸 빵 위에
계란 - 체다 치즈 - 베이컨 - 샐러드 - 빵의
순서로 쌓아 완성한다.

담백한 치즈 피자

準비할 재료들
신선한 방울토마토 + 생 바질 잎, 오레가노, 블랙 올리브
올리브 오일과 소금 약간 + 여러 종류의 치즈

토마토소스 만들기
tomato + basil + oregano

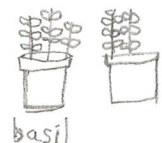
basil

방울토마토를 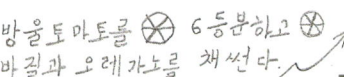 6등분하고
바질과 오레가노를 채썬다.

올리브유와 약간의
소금을 넣고
잘 버무린다.

피자도우에 토마토소스를 깔고
피자치즈를 올린다.
(집에 있는 여러가지 치즈 이용
모차렐라, 체다, 에멘탈치즈 등)

블랙올리브로 토핑한다.
(아이와 함께 여러가지 모양을
만들어 보자)

예열된 오븐에 준비한 피자도우를 넣고
250℃ 온도에 3분 가량 구워낸다.
(기호에 맞게 굽는다)

black olive

손쉬운 부타네스카 스파게티

✻ 준비할 재료들

　페투치니 면 + 신선한 방울토마토 + 생 바질 잎, 케이퍼, 올리브

　안초비와 마늘 약간 + 올리브 오일과 소금 약간

basil

안쵸비, 마늘, 바질, 케이퍼와 올리브를 잘게 썬다.
(장식용으로 쓸 케이퍼, 올리브, 바질 잎은 조금 남겨둔다.)

anchovy
garlic

basil
caper
olive

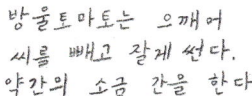

방울토마토는 으깨어
씨를 빼고 잘게 썬다.
약간의 소금 간을 한다.

salt

달군 프라이팬에 안초비와 마늘을 넣고 볶다가,
마늘이 누렇게 익으면 토마토, 케이퍼, 올리브를
잘 섞어 볶는다.

끓는 물에 올리브 오일과
소금을 조금 넣고 면을 삶는다.

잘 삶아진 면에 채 썬 바질을 넣고 버무린다.
그릇에 예쁘게 담아 케이퍼와 올리브,
남겨진 바질 잎으로 장식한다.

 spaghetti

음식 포장용 종이를 덮고
내추럴한 끈으로
예쁘게 묶어준다,

소풍을
기념하며
채집한 나뭇잎

집 앞 공원으로 향하는
즐거운 자전거 소풍,
나란히 세워둔
아빠와 엄마, 율이의
정겨운 자전거

삼색 주먹밥과 유부 초밥
한껏 멋을 낸 소풍 도시락

 문을 닫으며

글을 쓰는 내내 이 책을 쓰기에 내가 합당한 사람인가 라는 의문으로 조금은 괴로운 날들을 보냈다. 내 생활의 일부분을 담은 사진들과 글들로 채워진 이 책은 나를 그럴듯한 사람으로 만들고 있었다. 나는 아직 많이 살지도 않았고, 내가 지금 생각하고 있는 것들이 앞으로 어떻게 변할지 모르는 일이다. 그리고 무엇보다도 어떻게 살아가야 옳은 것인지를 매일 고민하고, 온갖 시행착오를 겪으며 삶을 이제서야 아주 조금씩 알아가고 있는 사람이기 때문이다.

무거운 마음으로 탈고를 하고 조금 멀리서 나를, 이 책을 들여다보았다. 나를 둘러싼 소중하고 아름다운 것들과 내가 잊고 지냈던 내가 이 책에 있었다. 이 책을 끝내고서야 비로소 나는, 내가 가진 행복의 절반쯤을 알게 된 것 같다.

나는 감히 이 책으로 그 누군가의 마음속에 잔잔한 물결이 일면 좋겠다는 바람을 가져본다. 그것이 무엇이든 간에... 그리고 조금은 멀리서 자신과 자신을 둘러싼 것들을 바라보길 바란다. 나를 둘러싼 잊고 지냈던 아름답고 소중한 것을 발견하는 순간부터 한옥처럼 느리고 따뜻하고 향기로운 삶이 시작되는 게 아닐까 생각해본다.

오늘 만난 누군가가 내게 말한다.
"한옥에 사세요? 너무 부러워요!"
간혹 듣는 이야기에 나는 웃으며 대답한다.
"사실 그건 그렇게 대단한 일도 어려운 일도 아닌걸요."

율이네 집

ⓒ조수정 2009

초판 1쇄 2009년 1월 19일
초판 5쇄 2012년 3월 2일

글 사진 디자인   조수정
펴낸이   정민영
기획   고미영 주상아
책임편집   고미영
일러스트   이지연
마케팅   이숙재 김현경
제작처   영신사

펴낸곳   (주)아트북스
출판등록   2001년 5월 18일 제406-2003-057호
브랜드   앨리스
주소   413-756 경기도 파주시 문발동 파주출판도시 513-8
전화   031-955-7977 편집부 031-955-3578 마케팅
팩스   031-955-8855
전자우편   artbooks21@naver.com
트위터   @artbooks21
홈페이지   www.artinlife.co.kr

ISBN 978-89-6196-028-1 13590

앨리스는 (주)아트북스 출판 브랜드입니다.

이 도서의 국립중앙도서관 출판시도서목록(CIP)은 e-CIP 홈페이지(www.nl.go.kr/cip.php)에서
이용하실 수 있습니다. (CIP 제어번호 CIP2008003893)